Udo Sikau

Memoiren eines Gehweg-Kosmetikers

Als Straßenfeger in Schopfheim unterwegs

IMPRESSUM

1. Auflage 2018

Text: Udo Sikau, aufgeschrieben von Johannes Rösler

Herausgeber und Buchgestaltung:

Johannes Rösler, AbisZ-Verlag

www.AbisZ-Verlag.de

Cover: Helmut Hruschka, www.hruschka-creaton.de

Fotos/Bildmaterial:

J. Rösler: S. 10, 22, 24, 31, 47, 58, 61, 63, 65, 67, 69, 79, 83, 86, 88 - 92, 94

U. Sikau: S. 18, 22, 29, 42, 71, Stadtarchiv Schopfheim: S. 31, 38

Markgräfler Tageblatt, W. Müller: S. 51, 54, 67

Badische Zeitung, M. Jung-Knoblich: S. 71, 75, 78, N. Kapitz: S. 67, H. Frey: S. 77, E. Steinfelder/A. Bertsch: S. 43

Polizei: S. 33, 74, Bauhof: S. 35

Herstellung:

Books on Demand GmbH, Norderstedt

ISBN 978-3-946666-05-9

INHALT

Es traf einmal ein Philosoph einen Straßenfeger, der gerade seiner Arbeit nachging.

„Ich bedauere dich", sagte der Philosoph zu dem Straßenfeger: „Hart und schmutzig ist dein Tagewerk."

Dieser antwortete: „Vielen Dank, Herr. Aber sage mir, was für eine Arbeit hast du?"

„Ich studiere des Menschen Geist, seine Taten und sein Verlangen."

Da fuhr der Straßenfeger fort zu fegen und sagte mit einem Lächeln: „Ich bedauere dich auch."

nach Khalil Gibran

Grußworte des Bürgermeisters Christof Nitz

Wesentliche Dinge im Leben sind nicht zuletzt der Humor und die Fähigkeit, über sich selbst zu lachen.
Yehudi Menuhin

Diese Worte von Yehudi Menuhin sind auf den Menschen Udo Sikau zugeschnitten.

Humorvoll ist er und geradeaus. Sein Gegenüber erkennt die Stimmungslage sehr schnell. Fleiß und Ehrlichkeit gehören zu seinen besonderen Charaktereigenschaften.

Beinahe 50 Jahre war Udo Sikau der „Gehweg-Kosmetiker" - wie er sich selbst nannte - für die Stadt Schopfheim bei jedem Wetter im Stadtgebiet im Einsatz.

Sauber und ordentlich soll das Stadtbild sein, dafür sorgte er nicht zuletzt mit einem eigens kreierten Aufkleber mit dem Hinweis *„Hier Aschenbecher“*. Damit sollten die Raucher auf das leichtfertige Wegwerfen ihrer Zigarettenkippen hingewiesen werden.

Udo Sikau gehörte zum Stadtbild, deshalb war sein Bekanntheitsgrad immer hoch. Die Bevölkerung und der Arbeitgeber schätzten ihn und seine Arbeit sehr.

Menschen, die achtlos Müll wegwerfen, machten ihn ärgerlich und so mancher Passant wurde von ihm angesprochen.

Ein wunderbarer Tag war für mich die Trauung von Udo und seiner Frau Ingrid Sikau am 08.08.2008. Mit großer Herzlichkeit und Sympathie wurde er von vielen Bürgern und Mitarbeitern unserer Stadt vor dem Standesamt beglückwünscht. Für mich ein ganz besonderes Zeichen der Wertschätzung.

Als ehemaliger Vorgesetzter freue ich mich, dass Herr Johannes Rösler das Original Udo Sikau erkannt hat und sein Wirken in diesem Buch wiedergibt.

Allen Leserinnen und Lesern wünsche ich viel Freude und unserem Udo Sikau Gesundheit, Glück und Zufriedenheit im neuen Lebensabschnitt „Ruhestand“.

Christof Nitz, Bürgermeister

Meine schwere Kindheit

Am 23. April 1954 erblickte ich in Schopfheim das Licht der Welt. Meine Mutter war Hausfrau, während mein Vater beim Straßenbau beschäftigt war. Aufgewachsen bin ich mit meiner Schwester Monika in der Schulstraße 5 in Fahrnau. Wir lebten für damalige Verhältnisse sehr ärmlich. Wir hatten kein Bad und nur ein Plumpsklo. Jeden Samstag haben wir in der Zinkwanne gebadet. Später konnten wir in der Schule zum Baden gehen. Dort kostete die halbe Stunde 1.50 DM.

Zeitlebens hat mein Vater hart gearbeitet. Dazu kam, dass er starker Raucher war und auch leider viel getrunken hat. So trank er pro Tag mindestens zwei Flaschen Rot- oder Weißwein. Das hat in unserer Familie zu vielen Problemen geführt und empfindlich den Familienfrieden gestört. Jedes Mal, wenn er seinen Monatslohn bekommen hat - früher gab es nicht so wie heute ein Konto, sondern das Geld wurde in die Lohntüte gepackt - ging er zuerst in die Wirtschaft, um dort zu trinken. Schon am ersten Tag hatte er so meist die Hälfte des Lohns versoffen oder auch verschenkt. An diesem Tag musste ich immer die Gaststätten abklappern, ihn aufspüren und ihn im Auftrag meiner Mutter auffordern, sofort nach Hause zu kommen. Am anderen Tag wusste er nicht mehr, wo das Geld geblieben ist. Das hat uns immer wieder in finanzielle Schwierigkeiten gebracht. Wenn wir kein Geld hatten, gab es bei uns einen Laden, bei dem wir anschreiben konnten. Dort kauften wir zum Beispiel Wein und Lebensmittel, die wir erst später zu bezahlen brauchten.

Mit meiner Mutter hat er immer gestritten. Dabei ist oft viel Geschirr zu Bruch gegangen. Meistens ist dann meine Mutter zu ihrem Bruder geflüchtet, der ebenfalls in Fahrnau lebte. Auch war mein Vater sehr streng zu mir, schlug mich oft mit dem Teppichklopfer. Ich war froh, wenn ich dabei eine Lederhose anhatte. So habe ich weniger gespürt. Trotz allem, es war schlimm, dass mein Vater schon sehr frühzeitig, im Jahre 1971, an einem Gehirntumor verstorben ist. Aus all diesen Gründen muss ich leider sagen, dass ich keine schöne Kindheit hatte.

Mein erster eigener Verdienst

Da ich kein Taschengeld bekam, suchte ich nach Möglichkeiten, etwas zu verdienen. So habe ich manchmal mit Heinz Leimgruber, einem Nachbarskind, bei einer Frau für ein bisschen Geld Holz gestapelt, das vorher gesägt worden war. Als wir wieder einmal auf dem Weg zu ihr waren, habe ich 50 Mark gefunden. Ein Vermögen für mich! Wir teilten das sofort in Halbe-Halbe. Ich machte mich damit auf nach Schopfheim ins „Kaufhaus für Alle“ am Marktplatz, wo heute die Müller-Drogerie untergebracht ist, und kaufte Spielsachen, wie kleine Autos. Zu Hause angekommen fragten mich meine Eltern, woher ich das Geld hätte. Nach einer Tracht Prügel haben sie es daraufhin wieder auf 50 Mark aufgestockt und ins Fundbüro gebracht. Nach einem Jahr konnten wir das Geld wieder abholen. Die Hälfte davon habe ich gleich wieder dem Heinz gegeben.

Fahrt mit der „Knutschkugel“

Der Vater des Nachbarskindes hatte ein lustiges Auto: eine Isetta. Bei diesem legendären Gefährt, einer Mischung zwischen Motorrad und Auto, konnte man vorne einsteigen. Wie bei einem Kühlschrank klappte man die Fronttür auf, das Lenkrad schwenkte dabei nach vorn und zur Seite und bot so einen guten Einstieg für zwei Personen. Es war einfach lustig, mit dieser „Knutschkugel“, wie er auch im Volksmund genannt wird, zu fahren. Das hat mir immer viel Spaß gemacht!

Ab meinem 6. Lebensjahr besuchte ich für acht Jahre die Volksschule in meinem Wohnort Fahrnau. Leider hatte ich nach Schulabschluss noch keine Lehrstelle und wäre arbeitslos geworden. Der Rektor der Schule sagte zu mir, dass ich mich bei der Stadt melden solle, um dort nach Arbeit zu fragen. So kam ich gleich nach meinem Schulabschluss zur Stadt Schopfheim.

18. August 1969: Mein 1. Arbeitstag bei der Stadt

Ich war gerade 15 Jahre alt, als ich als ungelernter Arbeiter auf dem Bauhof der Stadt Schopfheim eingestellt wurde. Am 18. August 1969 war mein erster Arbeitstag. Mein damaliger Monatslohn betrug gerade mal 600 Mark. Ich erinnere mich, wie mir immer wieder mein Vater gesagt hatte: „Udo, bleib ja immer bei der Stadt. Da bekommst du mal eine gute Rente.“ Jetzt, nach über 40 Jahren, bin ich soweit und stelle fest, dass er (fast) recht hatte.

Der Bauhof befand sich früher in der Mattenleestraße gegenüber dem Schlachthof. Heute hat dort die 1814 gegründete Stadtmusik Schopfheim ihr „Musikhaus“. Arbeitsbeginn war Punkt 7 Uhr. Jeden Morgen teilte der Vorarbeiter Walter Asal die zu verrichtende Arbeit ein. Dazu las er jeden mit Namen vor und bestimmte, was er zu tun hatte. Wir waren damals ca. 40 Mitarbeiter, die auf mehrere Abteilungen verteilt waren: Schlosserei, Schreinerei, Malerei, Werkstatt, Maurerei, Elektrowerkstatt und sogar das Wasserwerk. Der Leiter des Bauhofes war zu dieser Zeit Hans Rädel. Er war direkt dem Bürgermeister, Dr. Hans Vetter, unterstellt. Unsere Arbeitszeit ging bis 17 Uhr, dazwischen hatten wir von 9 bis 9.30 Frühstückspause und von 12 bis 13 Uhr Mittag.

Mein Absturz

Am Anfang war ich bei den Elektrikern tätig. Einmal mussten wir in der Halle der Max-Metzger-Schule die Leuchtstoffröhren auswechseln. Zuvor hatte mich einer der zwei Elektriker gewarnt: „Udo, du darfst nur auf den Balken laufen, nicht neben dran, sonst fliegst du hinunter." Ich war jedoch so vertieft in meine Arbeit, dass ich an diese Weisung nicht mehr dachte und stürzte vom Balken. Die Decke brach in der Halle zusammen und ich hing mit meinen Füßen zwischen den Dachlatten. Unter mir sah ich den Boden. Mit Müh und Not schafften es die zwei Elektriker, mich hochzuhieven. Seitdem habe ich immer wieder Höhenangst.

1971 hatte ich zum ersten Mal einen Besen in der Hand. Mit ihm reinigte ich den Gehweg beim Stadtpark. Plötzlich schlich sich von hinten der Vorarbeiter an und verpasste mir einen Tritt in den Hintern. Ich schaute mich erschrocken um und fragte ihn, was das soll. „Kehr mal bisschen schneller! Du reinigst ja den Gehweg wie eine Schnecke", gab er mir schnippisch zur Antwort.

Bei der Teerkolonne

Von den Elektrikern wechselte ich später in die Teerkolonne. Sie bestand aus 7 bis 8 Arbeitern. Unsere Aufgabe bestand darin, die Wege und Straßen instand zu halten. Dazu wurden die Löcher mit Teer aufgefüllt. Das war eine sehr harte Arbeit.

Meine ersten Jahre beim Bauhof, mit einem „Japaner"

Zum Teeren benutzten wir eine Teermaschine, die noch von Hand gezogen werden musste. Zuerst mussten wir die Teerfässer heiß machen, bevor wir den Teer zum Stopfen der Löcher verwenden konnten. Ein Arbeiter musste immer den Teerwagen ziehen. Zwei splitteten. Die anderen zwei holten mit dem Handwagen, den wir „Japaner" nannten, den Splitt vom Anhänger. Einer nahm den Stoßbesen und ebnete die Haufen. Damit die Fässer nicht auskühlten, wurden sie mit Gas beheizt. Geteert wurde zwischen 3 und 4 Wochen.

Die Arbeitsbedingungen auf dem Bauhof damals sind mit denen von heute nicht vergleichbar. So gab es für „unser Geschäft“ ein überdachtes Pissoir, das einer Regenrinne glich. Wenn jemand Stuhlgang hatte, musste er aufs Plumpsklo gehen.

Meine panische Angst auf dem Friedhof

1973 wurde ich für ein Jahr für den Friedhof eingeteilt. Das war leider eine schreckliche Zeit für mich. Die Gräber mussten wir mit Pickel und Schaufel ausheben. Ein normales Grab hatte eine Tiefe von 180 cm, ein Doppelgrab 2.40 Meter. Neben mir waren noch meine Kollegen Oswald Berdi und Heinz Knurr für diese Tätigkeiten eingeteilt. Mit dabei war auch immer unser Friedhofswärter, Fritz Rollof.

Wegen den Toten hatte ich leider immer Angst. Ich wusste zwar, dass sie nichts mehr machten, trotzdem war es für mich ein komisches und ungutes Gefühl. Einmal bat mich der Friedhofswärter, in der Leichenhalle den Wagen, auf denen die Särge stehen, aufzupumpen. Ich fragte ihn, ob Särge darauf stehen. Seine Antwort: „Ja.“

„Sind die Deckel zu?“

„Ja.“

Ich ging in die Halle und stellte mit Schrecken fest, dass die Sargdeckel auf waren. In meinem ganzen Leben habe ich noch nie so schnell die Räder aufgepumpt! Ich schaute dabei immer wieder nach links, ob nicht jemand aufsteht und seinen Arm rausstreckt.

Einmal hatten wir eine Umbettung. Die Frau hatte bereits 4 oder 5 Jahre unter der Erde gelegen. Um 6 Uhr morgens gruben wir das Grab aus. Dann hievte ein Bagger den Sarg hoch. Dabei sah ich, wie eine Flüssigkeit aus dem Sarg herauslief. Der Sargboden brach fast zusammen. Ich rannte, was die Beine hergaben. Und das für nur zusätzlich eine Flasche Schnaps und ein bisschen mehr Geld!

Trinkgelder bekamen wir grundsätzlich nicht. Der Friedhofswärter bekam zwar von den Angehörigen Geld, er behielt jedoch alles für sich. Einmal sagte mir der Friedhofswärter, ich solle im Sarg den Kopf des Toten hochheben, da er nicht richtig liege. Ich weigerte mich und sagte zu ihm: „Auf keinen Fall mache ich das. Das soll das Bestattungsinstitut ausführen."

Am schönsten fand ich, den Friedhof zu reinigen, Gras herauszureißen sowie die Wege zu säubern. Das war der angenehmste Job. Alles andere war für mich nicht schön.

Eines Tages zeigte mir der Friedhofswärter, wie man einen Grabrahmen macht - mit zwei Balken und zwei Dielen. „Hebe mal bitte die Diele hoch", sagte er dabei zu mir. Ich nahm die Diele in die Hand. Plötzlich rutschte sie mir aus der Hand und landete auf der Hand des Wärters. Mit schmerzverzerrtem Gesicht zog er die Hand unter der Diele vor und haute mir eine runter. „So, das kannst du deinem Bürgermeister sagen." Schockiert trollte ich von dannen.

Als Gärtner

Nach meinem Friedhofseinsatz wurde ich in die Gärtnerei versetzt. Der Standort der Gärtnerei befand sich beim Krankenhaus. Der Geräteschuppen war damals im Stadtpark untergebracht, und zwar in dem Gebäude, wo heute das Parkcafé ist. Im ersten Stock wurden Tulpenzwiebeln und andere Gewächse getrocknet. Zuständig war ich auch für das Sauberhalten des Stadtparkes. Das war einfach, denn früher gab es noch nicht so viel Sauerei wie heute. Auch hatte der Park noch einen Hain. Dazu kam, dass links vom Bahnhof, neben dem kleinen Kiosk von Inhaber Wehrle, sich öffentliche Toiletten befanden. Den Abfall brachte ich immer in den Geräteschuppen.

Hier, im heutigen Parkcafé im Stadtpark, befand sich früher der Geräteschuppen des Bauhofes

Mit 17 Jahren auf einem Dreirad mit Motor: Kindheitsträume werden wahr!

Böse Streiche und üble Scherze

Im Stadtpark spielten mir meine Kollegen auch einmal einen Streich und versteckten meinen Besen.
„Was soll das?“, fauchte ich sie an. „Gebt mir sofort den Besen zurück!“
Sie beachteten mich jedoch nicht, so dass ich gezwungen war, auf den Bauhof zu gehen, um einen neuen Besen zu holen. Als ich ankam, kam mir freudestrahlend ein Kollege entgegen: „He Udo, du hast deinen Besen vergessen.” Nunmehr hatte ich zwei Besen in der Hand.
Sie machten auch immer wieder Scherze mit mir. So fragten sie, ob ich denn noch keinen Revolver dabei habe. Ich fragte: „Wofür?“
Die Antwort: „Um die Schnecken abzuschießen, wenn sie dir auf den Besenstiel raufkrabbeln.“
Oder: „Hast du noch keine Hornhaut unter dem Kinn?“
Ich fragte: „Wieso?“
„Vom Aufstützen!“

Bei der Bundeswehr

Fast ein Jahr lang, von 1974 bis 75 war ich als Sanitäter bei der Bundeswehr, und zwar in Kempten und in Laupheim. Dort hat es mir sehr gut gefallen. Ich kam mir vor wie ein richtiger Arzt. Ich trug weiße Kleidung und weiße Turnschuhe, ein Stethoskop hing an meiner Brust und Mundstäbchen an meinem Hals. Ich durfte auch immer an Visiten teilnehmen. In Laupheim gab es eine Krankenstation mit 10 Betten. Dort musste ich viel saubermachen. Anfangs nicht so gerne, weil mein Unteroffizier, Helmut Wörz, sehr pingelig war. Er hatte mir gesagt, dass, wenn ich es nicht so sauber mache, wie er es will, ich in eine andere Einheit versetzt werde. Nachher wurden wir jedoch ein richtig gutes Team und ich wollte am liebsten bei der Bundeswehr bleiben. Wir beide sind noch heute sehr gute Freunde. Leider musste ich nach 15 Monaten wieder nach Schopfheim als Stadtarbeiter zurück.

Kampf um Freibier

In Schopfheim gab es früher auch eine Brauerei, die Brauerei Herbster in der Altstadt. Heute befindet sich dort das Sudhaus. Zwei- oder dreimal in der Woche musste ich dort mit einem Handkarren Bier holen. Dabei nahm ich immer eine Pferdedecke mit, damit niemand sehen konnte, was in dem „Japaner“ transportiert wird. Für jede Kiste Bier bekam ich eine Flasche umsonst. Leider war ich gezwungen, das Freibier abzugeben an denjenigen, der das Bier im Bauhof unter sich hatte. Aber mir kam dabei eine Idee: „Ich werde erst wieder Bier holen, wenn ich auch das Freibier erhalte“, schwor ich mir. Nach und nach hat es doch geklappt und ich erhielt regelmäßig meine Flasche Freibier.

Später hatten wir statt um 17 Uhr eine halbe Stunde früher, um 16.30 Uhr, Feierabend. Aber viele Kollegen gingen nicht nach Hause, sondern tranken noch eine Flasche Bier. Die letzten verließen manchmal erst gegen 19 oder sogar 20 Uhr den Bauhof.

Früher war die Kameradschaft sehr gut. Wir feierten zusammen im Saal des Rathauses Bauhoffeste, wie das Klöpferfest oder das Weihnachtsfest. Es waren auch alle Mitarbeiter dort, sogar die vom Städtischen Krankenhaus.

Einmal feierten wir das Klöpferfest. Dabei aßen wir jedoch keine Klöpfer, also eine Wurst, nach der die Schweizer Brühwurst, die Cervelat, benannt ist, sondern Schüblinge, eine rohe Art dieser Würste. Während des Festes stellte ich fest, dass einige Schüblige fehlten. Das kam mir verdächtig vor. Ich schaute in den Spind eines Kollegen und siehe da, der Kollege hatte sie in seinem Stiefel gebunkert. Ich habe diese Entdeckung jedoch für mich behalten ...

Früher gab es keine Putzfrauen, so dass wir den Bauhof selbst säubern mussten. Diese Arbeit wurde mir oft zugeteilt. Jeden Freitag musste ich mit dem Besen den Bauhof säubern und den Aufenthaltsraum wischen, Tische abwaschen, Aschenbecher leeren und säubern.

1971 verstarb unser Bauhof-Vorarbeiter Hans Hagin. Seinen Posten übernahm Walter Asal. Er war ein guter Vorarbeiter. Bauhofchef war Hans Rädel. Er ging 1980 in Rente und Herr Geiger wurde Chef des Bauhofes. Im selben Jahr ging auch der Bürgermeister Dr. Vetter in den Ruhestand. Als neuer Bürgermeister wurde Herr Fleck gewählt. Eine richtige Wahl! Denn ich fand, er war ein guter Bürgermeister!

Wechsel der Bürgermeister, so sah das damals Jeannot Weißenberger

„Schweinereien" im Schlachthof

Jeden Montag ab 12 Uhr musste ich das Schlachthaus reinigen. Ich war für die Schweineabteilung zuständig. Als ich das erste Mal die Räume betrat, musste ich mich übergeben. Überall lagen Gedärme herum und der Boden war mit Blut bedeckt. Mit einem Schrubber säuberte ich das Haus. Die Geräte reinigte ich mit einer Handbürste. Dazu benutzte ich 100° C heißes Wasser aus dem Sautrog, der dazu diente, die Schweine mit einer Enthaarungsmaschine zu enthaaren. Dann kroch ich unter diese Maschine und holte die verbliebenen Borsten raus. Die aufgefundenen Schweineohrenmuscheln tat ich in einen Eimer. Nebenbei erfuhr ich, dass der Schlachthausbesitzer die Lunge von den Kühen als Hundefutter verkauft hatte. Auch sonst war er gerissen und geizig. Er bekam zwar von vielen Metzgern Wurst, aber nie habe ich davon etwas gesehen, so dass ich in der Vesperpause auf mein eigenes Vesperbrot zurückgreifen musste. Auch das Trinkgeld behielt er für sich.

Mein erster Arbeitsunfall

Einmal hatte ich im Schlachthaus einen Arbeitsunfall. Ich holte aus dem Sautrog das kochend heiße Wasser, hielt dabei den Eimer so dumm, dass mir das heiße Wasser trotz eines Schurzes in den Stiefel hineinlief. Ich schrie vor Schmerzen auf und fing an, wie ein Indianer zu tanzen.

„Ja, mit dir kann man nichts anfangen", sagte der Schlachthofaufseher. Ich stellte mich zu blöde an, war seine Meinung.
Ich dachte: „Auch gut, da brauche ich nicht mehr ins Schlachthaus zu gehen."
Von wegen! Nach dreiwöchiger Krankheit holte er mich doch wieder ins Schlachthaus. Das hat mir so gestunken!
Wenn der Aufseher im Schlachthaus Urlaub hatte, kam Ersatz. Bei ihm durfte ich dann den Dampfstrahler für den Boden und die Geräte benutzen und nicht die Handbürste und den Schrubber. Das war viel einfacher für mich!

Einmal wollte ich ein Schwein mit der Zange betäuben. Das ging wirklich schief! Das Schwein schlug mit seinen Hinterfüßen um sich, das Gatter sprang auf und die Sau rannte auf den Hof - und die Metzger hinterher.

Montags: Großschlachttag

Montags wurden immer ca. 70 bis 80 Schweine geschlachtet, dazu 12 Großvieh und ein paar Kälber. Einmal, am Rosenmontag, hatte ich Dienst im Schlachthof. Zum Glück bekamen wir mittags schon frei. Auch kam es mal vor, dass ich am Sonntag zuvor ein bisschen zu viel getrunken hatte, so dass ich am Montag nicht ganz nüchtern zur Arbeit erschien. Ich merkte, dass meine Augen immer mehr zufielen, weil das ganze Schlachthaus mit

Dampf vernebelt war. „Es geht nicht mehr, ich bin sehr müde", sagte ich zum Aufseher. Er ließ mich jedoch nicht gehen, sondern sagte: „So wie man saufen kann, kann man auch arbeiten!"

Trotz Winter ins Schwitzen

Im Winter hatte ich oft Bereitschaftsdienst. Entweder arbeitete ich als Beifahrer auf einem Schneepflug oder schob den Schnee mit der Hand mit Hilfe eines Schneeschiebers bzw. einer Schaufel. Bei Kälte und Schnee mussten wir auch immer morgens ins Schwimmbad und das Eis am Beckenrand mit dem Pickel beseitigen. Das war eine sehr schwere Arbeit. Man kam dabei immer ins Schwitzen. Einmal sollte ich vom Unimog aus - eine Art Klein-LKW - Splitt auf Wege und Straßen in der Altstadt streuen. Das machte ich irgendwie falsch und der ganze Splitt landete auf einem Haufen. Das sah der Unimog-Fahrer und sagte zu mir, dass ich vom Wagen runterkommen solle. Als ich unten war, schlug er

Säubern der Bahnhofsunterführung (90er-Jahre), mit Wintermütze

mir ins Gesicht. Das hat gewirkt! Seitdem habe ich mir mehr Mühe damit gegeben.

Heiße Phase mit Miniröckchen

Immer wieder musste ich auf der Straße die Gehwege reinigen. Dabei habe ich wesentlich schneller gefegt als alle anderen, die dazu eingeteilt waren. Im Sommer ging es besonders schnell, denn in den 70er-Jahren hatten die Frauen noch keine langen Hosen an, sondern trugen Miniröckchen und Hotpants. Als ich das sah, fing mein Besen an zu qualmen, so schnell fing ich an, zu kehren. Innerhalb einer Woche habe ich so einen Besen verbraucht. Das war eine sehr heiße Phase!

Wochenmarktgeschichten

Jeweils am Mittwoch und Samstag ist Markt in Schopfheim. Damals mussten wir die Marktstände noch selber aufbauen. Dafür waren zwei Mann zuständig. Früh um 5 Uhr begannen wir mit unserer Arbeit. Die Bretter und Blöcke mussten wir hinter dem Rathaus mit dem Handwagen aufladen. Darunter waren auch ein bis drei Meter lange Bretter. Manchmal überluden wir den Handwagen und bei Nässe fiel alles wieder herunter. Um 12 Uhr musste ich die Standgebühren einkassieren. Pro Meter 1 Mark. Das Geld übergab ich dann der Stadtkasse. Manchmal bekamen wir für unsere Arbeit auch Trinkgeld.

Jeden Mittwoch kamen auch zwei Schweinetransporter mit jungen Ferkeln, die verkauft wurden. Ein Tierarzt kontrollierte die Schweine gegen Rotlauf und sonstige Krankheiten. Die Ferkel musste ich anfangs immer zählen. Pro Ferkel kassierte ich 50 Pfennig. Manchmal haben wir das übrig gebliebene Grünfutter in der benachbarten Gaststätte „Zur Krone" abgegeben, denn im Hinterhof hielt der Besitzer auch Schweine. Als Dankeschön bekamen wir manchmal ein leckeres Mittagessen. Um 13 Uhr mussten wir wieder alles abbauen und den ganzen Marktplatz von Hand sauber machen.

Wochenmarkt früher (Mitte 50er-Jahre) und heute

Früher war auch das Polizeirevier am Marktplatz, bei dem jetzigen Bauamt. Eines Morgens wollte ich wieder den Markt aufbauen. Neben der Telefonzelle am Markt sah ich einen Menschen liegen. Es war ein Mann. Ich versuchte ihn wachzurütteln, da er zu viel Alkohol getrunken hatte. Aber ich bekam ihn einfach nicht wach. Da holte ich die Polizei. Sie schlugen ihm zwei oder dreimal ins Gesicht. Plötzlich stand er auf und sagte: „Was ist hier eigentlich los? Wieso seid ihr da?“ Ich sagte zu ihm, dass ich die Polizei geholt hatte.

Er entgegnete: „Wieso?“

„Ich konnte dich ja nicht in der Kälte liegen lassen!“, antwortete ich.

Später hat er sich doch bedankt bei mir.

Ein andermal musste ich auch den Marktplatz vom Laub säubern. Mit meinem Handwagen fuhr ich bis zu acht Mal, um den Wagen im Bauhof zu leeren. Ich hatte dann plötzlich genug von der Fahrerei und hatte eine Idee. Ich nahm ein Feuerzeug und zündete das restliche Laub an. Plötzlich rauchte es fürchterlich. Die Polizei nebenan machte das Fenster auf und sagte: „Hei Udo, was machst du für einen Qualm! Mach sofort das Feuer aus!“

Ich löschte das Feuer und war somit leider gezwungen, noch einmal zu fahren.

„Holt mich hier raus“

Einmal erhielt ich einen Spezialauftrag vom Bauhof. Mein Vorarbeiter fragte mich, ob ich es mir zutraue, in der Arrestzelle sauber zu machen. Diese befand sich damals im Hauptgebäude des Rathauses, wo jetzt ein öffentliches WC ist. Dort hatte sich ein Alkoholiker übergeben. Ich sagte zu, denn es machte mir nichts aus, weil ich sowieso jeden Montag ins Schlachthaus musste, um dort zu reinigen. Ich ging auf das Polizeirevier und

Eine Arrestzelle, besser bekannt als „Ausnüchterungs-zelle".

So teuer kann eine „Übernachtung" werden:

- 45 Euro Grundbetrag
- 52 Euro Transport (26 Euro pro halbe Stunde und Beamter)
- 50 Euro Reinigungskosten pro angefangener Stunde
- 72 Euro, wenn ein Arzt für eine Untersuchung hinzugezogen werden muss. Der Endbetrag kann somit je nach Aufwand zwischen 97 und 219 Euro liegen!

ein Polizeibeamter führte mich zu dieser Zelle. Er öffnete die Türe - eine Stahltüre - und sagte: „Udo, du kannst hier saubermachen, aber du darfst niemals die Türe zumachen, sonst bleibst du hier drin gefangen.“

Ich machte meine Arbeit und säuberte die Zelle. Irgendwie ging auf einmal die Türe zu und ich war eingeschlossen. Ich bekam Platzangst in dieser kleinen Zelle. Über eine Stunde versuchte ich, mich durch Klopfen an die Türe bemerkbar zu machen. „Holt mich hier raus, holt mich hier raus", schrie ich. Nach über einer Stunde kam endlich ein Polizist und öffnete mir die Türe. Alle lachten und hatten viel Spaß an dieser komischen Situation.

Manchmal rief auch die Polizei im Bauhof an, weil sie jemanden für eine Gegenüberstellung brauchten. Gegenüberstellung hiess, es waren neun Männer, die in einer Reihe standen und jeder von ihnen hatte ein Schild in der Hand, mit den Nummern 1 bis 9. Darunter war auch der Täter. Dann wurden die Geschädigten ins Zimmer geführt. Sie liefen zwei oder drei Mal hin und her und schauten uns dabei an. Gott sei Dank war ich nie ein Täter.

Vom Zielwasser über Wurstfresser bis zu Mauersauereien

Einmal fuhr ich mit meinem Arbeitskollegen an den Eisweiher, um einen Zaun zu reparieren. Er gab mir den Vorschlaghammer und ich sollte einen Pfosten in den Boden schlagen. Leider schlug ich daneben und der Stiel brach ab. Der Kollege lachte und sagte, dass ich das nächste Mal Zielwasser trinken sollte.

Zu säubern hatten wir auch immer die Gehwege am Sengelwäldchen, dort, wo das bekannte Hebel-Häuschen steht. Dort befand sich auch eine Hütte mit einem Ofen, einem Tisch und Stühlen. Ich kam einmal an die Hütte und öffnete langsam die

Beim Brunnenputzen

Tür und sah, wie mein Arbeitskollege dort schlief. Ich dachte: „Na wart nur, dir geb ich es!“
Ich stieg aufs Dach, stopfte den Kamin mit Laubblättern voll, so dass das ganze Häuschen anfing zu rauchen. Erschrocken sprang er aus der Türe und fluchte und fluchte. „Komm mit, die Waldwege säubern“, sagte ich zu ihm. Zu zweit säuberten wir dann die Wege.

Jeweils monatlich wurden die Brunnen in der Stadt und in ihren Ortsteilen gesäubert. Mit dem Handwagen „Japaner“ zog ich dabei los, mit Besen und Schaufel, Schrubber, Handbürste und entsprechenden Reinigungsmitteln bewaffnet und habe 15 Brunnen geputzt. Eines Tages wollte ich bei der Güterhalle den Brunnen säubern und sah, dass der Brunnen verstopft war. Mit dem Besenstiel wollte ich das beheben. Leider brach der Stiel in der Mitte durch und die andere Hälfte blieb im Ablaufrohr hängen. Trotz aller Bemühungen bekam ich den Stiel nicht mehr heraus und war gezwungen, das Wasserwerk zu Hilfe zu holen.

Ein andermal hatte ich mit einem Kollegen einen Einsatz in Eichen, um eine Mauer zu befestigen. Um 9 Uhr war Vesperpause. Mein Kollege wollte gerade sein Vesper aus seiner Tasche auspacken als er feststellte, dass seine ganze Wurst weg war. Oberhalb der Mauer wohnte ein Einwohner, der einen Hund besaß. Immer, wenn wir in der Nähe waren, kam er uns besuchen. Als wir einen Moment nicht aufpassten, hatte er blitzschnell die Wurst gepackt und aufgegessen. Das sagten wir dem Besitzer. Dieser ging schnell in einen Laden und brachte uns Fleischkäse mit Brot. So konnten wir unser Vesper fortsetzen.

Früher gab es nicht so viel Müll wie heutzutage, nur zwei bis drei Wagen voll. Auch die Schüler der Berufsschule kamen in ihren Pausen nicht in die Stadt. Sie mussten im Schulgelände bleiben. Heute ist es ganz anders. Sie kommen regelmäßig in die Stadt und machen viel Sauerei. Das finde ich gar nicht gut!

Gestunken hat mir auch immer wieder, dass Kebab-Esser vom Stand am Bahnhof auf der Mauer saßen und dabei Sauerei hinterlassen hatten. Um dem abzuhelfen, kaufte ich einmal bei Edeka Ölivenöl und tropfte es auf die Mauer, um so die Esser abzuschrecken und zu vertreiben. Danach war Ruhe.

Das „Gasthaus zum Pflughof" vor dem Brand 1993

Lange ist es her, dass Schopfheim einen Güterbahnhof hatte. Regelmäßig mussten wir vor der Güterhalle sauber machen. Auch das Café Irrlicht, in dem früher ein Büro der SBG untergebracht war und wo Busfahrer übernachten konnten, stand auf unserem Reinigungsplan. Ein wichtiger Termin waren für uns ebenfalls die Fasnachts-Veranstaltungen, die bis zum Jahre 1993 im Saal der Gaststätte „Zum Pflughof" stattfanden. Nach diesem Fest mussten wir alle ran, den Saal zu reinigen. Ganz unten im Areal befanden sich damals eine kleine Disco und die Bibliothek der Stadt. Im Innenhof hatte die FFW Schopfheim ihren Standort. Am 30. Juni 1993 brannte der Pflughof nebst weiteren Gebäuden auf dem Pflugareal ab und an seiner Stelle wurde ein Gebäudekomplex mit Gewerberäumen, Wohnungen und einer Tiefgarage errichtet.

Früher hatte ich gerade mal zwei bis drei Handwagen voll mit Müll, den ich auf den Gehwegen und auf der Straße aufsammelte und sie dann im Bauhof in den bereitgestellten Container kippte. Einmal kam ein Schlosser auf die Idee: „Udo, bei dir fehlt bei deinem Handwagen nur noch ein Rückspiegel." Daraufhin habe ich mir einen Rückspiegel anbringen lassen. Als ich damit in die Stadt ging, um sauber zu machen, hörte ich, wie ein Kind seine Mutter fragte: „Hey Mama, wieso hat der Mann einen Spiegel am Handwagen?"
„Damit er alles sieht", bekam das Kind zur Antwort.
Daraufhin ging ich ruck, zuck in eine Ecke und montierte den Spiegel wieder ab.

Das war noch Kameradschaft!

Jedes Jahr im Dezember mussten wir am „Kalten Markt" die Stände aufstellen. Es waren jeweils 70 bis 80 Stände. Dann wurde ich eingeteilt, mit dem Handwagen nach dem Rechten zu schauen. Ich führte Dachlatten mit, Hammer, Zange und Nägel, um eine eventuelle Reparatur durchführen zu können. Leider kam ich dabei immer wieder am Stand vorbei, an dem mein ehemaliger Lehrer stand, der Tee-Rum verkaufte. Der Becher kostete damals 50 Pfennig. Das eine Mal zahlte er, das andere Mal wieder ich. Ich wollte dann Feierabend machen, doch plötzlich brach ich zusammen. Der Krankenwagen kam und der Arzt stellte fest, dass ich eine Alkoholvergiftung hatte. Unser Bauhofchef besuchte mich im Krankenhaus und fragte mich, wer mir das angetan hatte.

„Ich bin auch selber daran Schuld“, gab ich zu. „Es war ja so kalt, so dass ich ein bisschen zu viel Tee-Rum getrunken hatte.“

Dieser Vorfall blieb aber unter uns. Er erzählte es keinem Arbeiter, was ich sehr gut fand. Das war Kameradschaft!

Nach dem Kalten Markt mussten wir wieder alles abbauen und die Flächen säubern. Mindestens drei Anhänger voll Müll und Kartons mussten wir wegschaffen.

Einmal erlebte ich einen lustigen Vorfall. Manchmal fanden wir beim Zusammenfegen auch Geld. Ein Arbeiter machte dabei einen Scherz, holte einen 20-Mark-Schein aus seinem Geldbeutel und warf ihn auf den Boden. Er sagte: „Schaut mal, ich hab 20 Mark gefunden.“ Ein anderer Arbeiter daraufhin: „Zeig sie mal.“ Er kassierte das Geld und sprach: „Aah, da können wir ja eine Kiste Bier kaufen.“

Der andere ist 20 Mark ärmer geworden.

Fiasko: Farbkübel stürzt auf Auto

Früher hatte die Stadt ein Verkehrssündergefängnis, das sich an der Grabenstraße befand. Später wurde es ein Übergangsasylantenheim. Ganz unten, im 1. Stock, wohnte die Familie Tesnaz. Einmal erhielten wir den Auftrag, den Speicher, der sich ganz oben im Turm befand, aufzuräumen. Dazu mussten wir viele Stufen rauf und runter gehen. Dabei kam ich wieder einmal auf eine geniale Idee. Ich sagte zu meinem Kollegen, dass wir auch das ganze Zeug aus dem Fenster oben auf dem Turm rausschmeißen könnten. Er stieg daraufhin runter, um sich zu vergewissern, dass im Hof kein Auto stand. „Udo, wirf nichts runter, da steht ein Auto“, rief er mir hoch. Leider habe ich ihn falsch verstanden und warf als Erstes einen Farbkübel hinunter. Es krachte und ich schaute hinunter.

„O Schreck, der ganze Farbeimer ist auf dem Dach gelandet!“, rief ich. Das Auto gehörte dem Vater von Tesnaz, der heute das gleichnamige Café neben der Krone betreibt. Erschrocken lief ich so schnell ich konnte die Treppe hinunter und sah das Fiasko. Mein Kollege stand neben dem beschädigten Auto und schimpfte wie ein Rohrspatz. Das war das erste Mal, dass die Versicherung der Stadt zahlen musste ...

Versteigerung herren- und damenloser Fahrräder

Fast jedes Jahr war ich bei der Fahrradversteigerung der Stadt dabei. Es wurden sowohl Herren- und Damen-Fahrräder als auch Kinderfahrräder versteigert. Die Räder stammten teilweise von der Polizei, teilweise aus dem Keller der Stadt. Es waren Räder, die entweder herrenlos (oder damenlos?) aufgefunden wurden oder deren Besitzer nicht mehr aufzufinden war. Es waren meist 30 bis 40 Stück, manchmal aber auch mehr. Meine Aufgabe war, die Fahrräder hochzuheben und vorzuzeigen. Dann wurden sie an den Meistbietenden verkauft.

Versteigerung in den 70er-Jahren mit meinem ersten Bauhofchef Hans Rädel

Versteigerung heute, vor dem Rathaus

Unbequemes, Ärgerliches und Gruseliges

Manchmal musste ich auch Malerarbeiten verrichten. Und zwar auf der Straße. Straßenmarkierungsarbeit wurde das genannt. Wir hatten mehrere Schablonen und Bleche dabei. Wir markierten die Tempo-30-Zone neu und die Zebrastreifen. Damit waren wir 2 bis 3 Wochen beschäftigt. Zum Einsatz kam dabei eine Spritzmaschine.

In der Schreinerei war ich ebenso oft. Leider gefiel es mir dort nicht. Der Schreinermeister war manchmal sehr böse. Fast jede

Arbeit, die ich machte, war ihm nicht recht. Dabei schrie er mich immer wieder an. Er hatte sich auch im Bauhof sehr unbeliebt gemacht.

Einmal musste ich in Enkenstein bei einer Uferbefestigung helfen. Dazu mussten große Steine bewegt werden. Das Hochhieven der Steine übernahm unser Radlager. Dabei drehte sich plötzlich ein großer Stein und landete unglücklicherweise auf meinem rechten Fuß. Das Ergebnis war, dass ich mir – trotz Stahlkappenstiefel – einen Zeh brach. Von einem Arbeiter bekam ich zu hören, dass ich mich wieder blöd angestellt hätte. Danach musste ich wieder 3 Wochen krank geschrieben werden. Das war jetzt schon der 2. Arbeitsunfall seit meiner Tätigkeit auf dem Bauhof.

Eines Tages erhielt ich einen Auftrag, mit dem Handwagen zu der Güterhalle in Richtung Wiechs zu fahren, um am dortigen Bahnübergang einen Hund zu holen, der von der Bahn überfahren worden war. Es war Sommer und die Hitze war sehr groß. Ich kam dort an und wollte den Hund auf meinen Wagen hochheben, doch plötzlich hatte ich statt den Hund nur sein Fell in der Hand. Vielleicht befand er sich mitten im Fellwechsel oder die Hitze hatte das Fell von seiner Haut gelöst. Jedenfalls musste ich den Hund mit der Gabel aufladen. Den Hund lieferte ich in der Abdeckerei des Schlachthauses ab. Der Hundebesitzer hatte geglaubt, dass ein Fahrzeug den Hund abholen würde. Leider musste ich diese Arbeit machen.

Jeden Freitag mussten wir im Keller des Städtischen Krankenhauses Kartonage abholen und auf dem Müllplatz entsorgen. Das Ende der Woche nahte und es war wieder soweit. Ich ging mit einem Kollegen ins Krankenhaus und wir stiegen die Treppen zum Keller hinab. Beim Runtergehen erschrak ich. Ich dachte, ich bekomme einen Herzschlag. Im Gang stand ein Bett, in dem eine Leiche lag. Sie war zugedeckt. Sofort wurden wieder Erinnerungen an meinen Einsatz auf dem Friedhof lebendig. Zu meinem Kollegen sagte ich, dass ich da nicht wieder runter gehe, bis die Leiche verschwunden ist. „Udo hat Angst vor nem Toten, obwohl die gar nichts mehr machen“, erzählte er im Krankenhaus. Daraufhin wurde sie weggeschafft und ich konnte meine gewohnte Arbeit verrichten.

Der Bauhof - ein wichtiger und unverzichtbarer Dienstleister für die Stadt und ihre Bewohner

Sie bepflanzen und pflegen die städtischen Grünanlagen, säubern Wege und Straßen, leeren Papierkörbe oder tauschen defekte Straßenbeleuchtungen aus. Im Winter sorgen sie für schnee- und eisfreie Straßen und Wege. Auch Malerarbeiten in einem Kindergarten, Transport- und Serviceleistungen für städtische Veranstaltungen oder die Reparatur eines Verkehrszeichens aufgrund eines Unfallschadens gehören dazu - die Palette der Aufgaben und Tätigkeiten der Mitarbeiter des Bauhofes* in Schopfheim ist breit und weit gefächert. Ihr tägliches und beständiges Tun ist ein wichtiger und nicht wegzudenkender Beitrag für ein funktionierendes Gemeinwesen. Ohne sie gäbe es in kurzer Zeit chaotische Zustände in der Stadt: Straßen und Wege wären verdreckt und vermüllt, viele Lichter aus, die Grünflächen verwildert und Straßen und Wege bei Schnee und Eis unzugänglich. Ratten, Ungeziefer und Seuchen wären in kurzer Zeit die Folge. Aus diesem Grund verdienen sie eine besondere Anerkennung und Wertschätzung!

**Der Bauhof, der einen festen Platz innerhalb der Stadtverwaltung und der Stadt Schopfheim einnimmt, ist einer von drei Eigenbetrieben der Stadt Schopfheim. Zusammen mit dem Eigenbetrieb Wasser und Versorgungsbetriebe (Stadtwerke)*

Der ehemalige Bauhof in der Mattenleestraße, heute Musikhaus der Stadtmusik Schopfheim

bilden sie die Technischen Betriebe der Stadt. Ihr gemeinsamer Standort ist der Ortsteil Gündenhausen (bis 2002 hatte der Bauhof seinen Standort in der Mattenleestraße, heute hat dort die Stadtmusik ihr Quartier). Der Bauhof selbst ist in vier Betriebszweige bzw. Sachgebiete unterteilt: Bauhof, Gärtnerei, Fuhrpark/Schlosser und Elektro.

Handwerker und Dienstleister in einem

Die Mitarbeiter sind Handwerker und Dienstleister in einem. In der Regel sind sie gelernte Bauhandwerker, Gärtner, Forst- und Landwirte, sowie Kfz- und Landmaschinenmechaniker. Ihre Qualifikation und Berufserfahrung sind Voraussetzung für die qualitätsgerechte Erfüllung der Arbeiten und Leistungen, die aus zahlreichen Dauer- und Einzelaufträgen pro Jahr besteht.

Stolzer Fuhrpark

Für die umfangreichen Aufgaben stehen im Bauhof Fahrzeuge verschiedenster Größen und Bauarten zur Verfügung. Dazu gehören Unimogs, Transporter bzw. LKW sowie PKWs, die vorzugsweise als Kastenwagen von den Bauhandwerkern genutzt werden. Für den Grünpflegebereich stehen Kompakttraktoren zur Verfügung, Traktoren, die wie ein Schweizer Messer mit vielfältigen Werkzeugen (Winter- und Sommerbetrieb) ausgerüstet werden können.

Beindruckende Zahlen

Der Verantwortungsbereich des Bauhofes erstreckt sich über ein großes Gebiet. In der Stadt Schopfheim und ihren 7 Ortsteilen leben knapp 20 Tausend Einwohner, die über eine Fläche von 6.800 ha verteilt sind. Das Straßennetz der Stadt ist rund 120 Kilometer lang, zusammen mit den Geh-, Rad-, Feld- und Waldwegen summieren sie sich auf stolze 230 Kilometer. Die Beleuchtung der Straßen, Plätze und Wege garantieren 2300 Lampen und Laternen, die kontrolliert und gewartet werden müssen.

Die städtischen Grünflächen (Parkanlagen, Spiel- und Sportplätze u.a.) belegen 130 ha - eine Fläche, fast so groß wie der berühmte Londoner Hyde Park oder wie 130 größere Fußballfelder. Dazu kommen rund 1500 Bäume, die regelmäßig zu kontrollieren und zu pflegen sind. Für die Straßen-Entwässerung sind ca. 3500 Sinkkästen, auch als „Gully“ bezeichnet, installiert. Diese dienen der Aufnahme von Oberflächenwasser (Regenwasser) und leiten es in einen unterirdischen Kanal ab.

Alles aus einer Hand

Der Baubetriebshof ist ein Dienstleiter, der über ein breites Know-How verfügt. Sein Wissen und seine Erfahrungen in fachlichen und organisatorischen Fragen, seine Flexibilität und Ortskenntnis machen den Betrieb zu einem leistungsfähigen und kompetenten Partner, sowohl für die Stadt Schopfheim selbst, wie auch für Auftraggeber aus nicht-technischen Fachbereichen sowie für Fremdunternehmen. Im Mittelpunkt stehen dabei Wirtschaftlichkeit und Effizienz.

Die Nutzung vielfältiger Synergien befähigt ihn, „alles aus einer Hand“ anzubieten.

Der entlarvende Lottoschein

Mein Vorgänger, der auch Straßenfeger war, ging in seinen wohlverdienten Ruhestand. Später traf ich mich mit ihm und fragte ihn: „Na, wie geht es dir im Rentenalter?“ Er erwiderte mir: „Wenn ich das gewusst hätte, dass das Rentnerleben so langweilig ist, hätte ich noch ein paar Jahre bei der Stadt gearbeitet.“ Daraufhin dachte ich: „Hoppla, das könnte mir nicht passieren.“ Er war halt ein eingefleischter Junggeselle. Aber er war dafür bekannt, dass er die Stadt sehr ordentlich sauber gemacht hatte. Er wollte auch keinen großen Kontakt mit den Einwohnern der Stadt. Da war ich doch anderer Meinung. Von Anfang an wollte ich Kontakt mit den Einwohnern. Das ist mir sehr gut gelungen.

Als ich einmal im Stadtpark die Papierkörbe leerte, fiel mir etwas auf. Ich fand in den Papierkörben regelmäßig in der Woche Hausmüll vor. Ich machte eine Stippvisite und öffnete den Müllsack. Dabei entdeckte ich einen Lottozettel. Ich las die Adresse und dachte: „Das gibt’s doch gar nicht! Das war ja ein Müllsack von meinem Vorgänger, der Gehwege und Straßen gesäubert hat.“ Ich sprach ihn daraufhin an. Er sagte zu mir, dass sein Mülleimer voll war und er deshalb seinen Hausmüll in dem Papierkorb entsorgt hätte. „Bitte, mach das nicht mehr“, sagte ich zu ihm. „Gerade du, der immer für Ordnung und Sauberkeit ist. Das hätte ich nie von dir gedacht, dass du so etwas machst!" Daraufhin hat er mit mir mindestens ein halbes Jahr nicht mehr geredet.

„Schätzle"

Wie kam ich dazu, den Frauen immer „Schätzle" zu sagen? Das hat einen ganz einfachen Grund: Ich konnte die Namen nicht behalten und dachte mir deshalb, sie so anzusprechen. Jeden Morgen, wenn ich mit meinem Karren nebst Besen loszog, um die Gehwege und Straßen zu säubern, grüßte ich die Einwohner von Schopfheim, besonders die Frauen mit Schätzle. „Guten Morgen, Schätzle". „Hallo, Schätzle, wie geht es?" usw. Nur wenn die Frauen ihre Männer dabei hatten, war ich vorsichtiger. Dann war „ausgeschätzlet". Manchmal erhielt ich auch ein

Auf einem Zunftabend überreiche ich dem Bürgermeister, Christof Nitz, den „Schätzli-Orden"

kleines Trinkgeld. Viele bedankten sich persönlich bei mir und sagten: „Danke für die Arbeit! Einer muss ja wohl den Dreck in Schopfheim wegmachen." So waren die Einwohner der Stadt immer sehr freundlich zu mir, grüßten mich regelmäßig und lobten immer wieder meine Arbeit.

Die verdrehte Wasseruhr

Meine Aufgabe war es auch, Wasseruhren abzulesen. Ich stieg einmal in der Altstadt einen Keller hinunter und begann, die Wasseruhr abzulesen. Dabei kam ich ins Grübeln. Die Zahlen zeigten über 9000 Kubikmeter an. Ich klingelte bei der Mieterin und sagte ihr, dass etwas nicht stimme. Sie könne unmöglich soviel Wasser in einem Jahr verbraucht haben. Sie sah mich erstaunt an und pflichtete mir bei. „Aber, diese Zahl steht nun mal drauf und diese muss ich aufschreiben." Daraufhin brüllte sie mich an, was ich da mache. Ich versprach ihr, die Sache mit dem Wasserwerk abzuklären, dass da etwas nicht stimme. Ich gab dem Wasserwerk Bescheid und dabei kam heraus, dass sie die Wasseruhr verkehrt aufgehängt hatten, und zwar gegen die Pfeilrichtung. Dadurch lief die Wasseruhr rückwärts.

Beim nächsten Fall ging es friedlicher zu. Ich klingelte wieder bei einem Haus, um die Wasseruhr abzulesen. Dabei machten mir zwei Kinder auf, die gleich anfingen zu schreien: „Mama, komm mal runter, hier ist jemand." Auf einmal kam eine Frau pudelnackt die Treppe herunter und als sie mich sah, ging sie schnell wieder hoch. Sie zog ihren Bademantel an, kam wieder runter und sagte zu mir: „Es tut mir leid, dass Sie mich so gesehen haben.“ Und ich zu ihr: „Sie haben doch einen schönen Körper.“ Gemeinsam lasen wir dann die Uhr ab.

Mein nagelneues Dreirad

Im Jahre 2002 ist der Bauhof der Stadt von der Mattenleestraße nach Gündenhausen gezogen. Er war jetzt der Bauhof des Kreises Lörrach. Gleichzeitig wurden neue Einsatzfahrzeuge angeschafft, um die Reinigung und Säuberung der Straßen und Wege zu verbessern und zu optimieren. Leider durfte ich solch ein Fahrzeug nicht fahren, da ich damals noch keinen Führerschein besaß. So blieb mir nichts anderes übrig, als nur als Beifahrer eingesetzt zu werden.

Einmal kam unser Vorarbeiter Siegfried Schmidt auf die Idee, sie könnten mir ja ein Dreirad, Marke Piaggio, kaufen. Dieses kann ohne Führerschein gefahren werden. Ich dachte mir, dass das nicht so schlecht wäre, wenn ich solch ein Auto besäße. Es wurde dann im Südtirol bestellt. Einige Monate später kam es. Ein feuerrotes Piaggio, ein Dreirad. Der Lenker und die

Mein „Ferrari", die Zeit des Handkarrens ist vorbei

Gangschaltung waren so wie bei einem Moped oder Motorroller. Nur einen Hebel gab es zum Rückwärtsfahren. Auch die Bremse war am Lenker.

Mit ihm fuhr ich das erste Mal in die Stadt. Die Leute lachten und freuten sich über mich, dass ich endlich ein Fahrzeug besaß. Aber die Freude sollte nicht lange dauern. Ich fuhr zur Bushaltestelle, als plötzlich die Polizei um die Ecke kam, mich anhielt und fragte: „Ach Udo, hast du den Führerschein gemacht?"
„Hierfür brauche ich keinen Schein, weil das Auto ein zu kleines Nummernschild hat", entgegnete ich selbstbewusst und etwas trotzig.

„Wie schnell fährt denn das Fahrzeug?“, löcherte mich die Polizei weiter.
„So an die 40 km/h.“
„Also, ab 25 km/h braucht man einen Führerschein“, wurde mir entgegengehalten.
So musste ich das Dreirad leider wieder in den Bauhof stellen. Ich war dabei sehr unglücklich.

Nach zirka einem Vierteljahr lud mich der Bauhofchef vor. „Leider müssen sie den Führerschein machen“, sagte er mir und fragte mich, ob ich mir das zutrauen würde.
„Oh je!“, ich war gerade 49 Jahre alt und dachte mir, dass ich keinen Schein brauche.
„Ok“, sagte ich, „ich probiere es.“

Am PC habe ich mir dann die theoretischen Grundlagen beigebracht. Die Theorieprüfung bestand ich mit nur vier Fehlerpunkten. Dann sollte es in die Praxis gehen. Anfangs war ich sehr ängstlich. Meine Hände begannen zu schwitzen und mein Fahrlehrer sagte zu mir, dass ich keine Angst zu haben brauche. Und wenn er mich mal anbrülle, dann meine er es nicht so. Ich absolvierte ca. 20 Stunden Fahrpraxis. Dann kam die Prüfung in Rheinfelden. Ich war sehr nervös. Ich fuhr in Richtung einer Kreuzung. Auf einmal hörte ich ein Martinshorn. Ich schaute in den Rückspiegel und dann in den Seitenspiegel und konnte kein Rettungsfahrzeug sehen. Ich kam immer näher an die Kreuzung heran und auf einmal scherte links ein Krankenwagen aus und kam fast auf die Gegenfahrbahn, wo ich fuhr. Ich erschrak und überquerte die Kreuzung. Das war mein Ende.

Der Fahrprüfer fragte mich, wie viele Fahrstunden ich schon hätte. Ich sagte: „20 Stunden."
„Sie brauchen das Doppelte!", rief er.
Ich war über den Prüfer sehr verärgert. Daraufhin habe ich dann noch zwei Stunden genommen. Danach ging es an die 2. Prüfung. Zum Glück hatte ich einen anderen Prüfer, er kam aus Wehr. Wir fuhren nach Rheinfelden, ca. eine halbe Stunde lang. Dann sagte der Prüfer zu mir, dass ich in die Einbahnstraße reinfahren solle. Ich entgegnete: „Nein, da fahre ich nicht rein, weil es eine Einbahnstraße ist."
Es hatte alles geklappt beim Einparken!

Dann fuhren wir zum Bahnhof und ich dachte, dass ich nun hoffentlich die Führerscheinprüfung bestanden hatte!
„Herr Sikau, herzlichen Glückwunsch, Sie haben die Prüfung für den Autoführerschein bestanden", freute sich der Prüfer.
Ich war sehr glücklich. Der Prüfer stieg aus und ich nahm ihn in den Arm und knutschte ihn vor Freude ab. Er musste nur lachen.

„Da müssen wir Gummibäume pflanzen“

Als Erstes habe ich die Polizei angerufen und erzählt, dass ich nunmehr den Führerschein bestanden habe.
„Ach, Udo, da müssen wir jetzt Gummibäume pflanzen“, war die Antwort.
Auch den Bauhof habe ich informiert. Einige Arbeiter gab es, die mir das nicht zugetraut hatten. Nun konnte ich endlich mit meinem Dreirad fahren. Das Schalten in den 1. Gang war immer sehr mühsam. Ehe ich den Gang drin hatte, waren schon mehrere Fahrzeuge an mir vorüber.

Ich durfte sogar an der Fasnacht mitfahren. Da stand dann drauf: „Udo hat´s geschafft.“
Das war im Jahre 2003. Obendrein war ich mit meinem Piaggio auch im Markgräfler Tagblatt.

Einmal fuhr ich im Stadtpark, um die Wege sauber zu machen und die Papierkörbe zu leeren. Plötzlich riss mir beim Fahren der Gaszug. Ich rief sofort die Schlosserei an. Jemand solle mit dem Anhänger kommen, um mein Auto abzutransportieren. Nach einiger Zeit kam ein Kollege, jedoch ohne Anhänger. Er meinte, dass mein Piaggio nicht darauf Platz hätte. So schoben wir zusammen das Gefährt vom Stadtpark bis zum Bauhof in

Eindrücke vom traditionellen Fasnet-Umzug

Gündenhausen. Die Leute schauten uns dabei an und lachten. Als wir im Bauhof ankamen, ging ich zu einem Anhänger, nahm den Zollstock und sagte zum Kollegen: „Hier schau mal, passt genau rauf auf einen Anhänger." Jetzt erst glaubte er mir das. Denn vorher hatte ich schon mal die Breite eines Anhängers abgemessen und geprüft, ob der Piaggio darauf passt, falls mal etwas passieren sollte.

Später wurde mein Dreirad verkauft. Dann bekam ich ein Fahrzeug mit vier Rädern. Das Auto war viel besser als der Vorgänger. So besaß es eine Kippvorrichtung.

10. Februar 2004: Mein schwarzer Tag

Es war an einem Donnerstag. Fasnacht. Hemdglunki-Umzug, morgens danach um 9 Uhr. Wie jedes Jahr kommt der Statthalter und sein Gefolge in den Bauhof, um traditionsgemäß ihre Aufwartung zu machen und mit den Kollegen zu feiern. In diesem Jahr war Ralph Schulz vom Ordnungsamt der Statthalter. Vor ihm kam ein Ordnungshüter zu mir und überreichte mir einen Brief per Einschreiben. Diesen musste ich unterschreiben. Ich öffnete den Brief und begann ihn zu lesen:

Bußgeldbescheid

Sehr geehrter Herr Sikau,

Ihnen wird vorgeworfen, am 10.2.2004 um 14.24 Uhr in der Hauptstraße auf der Höhe Hausnummer 252, 79650 Schopfheim, Richtung Zell als Führer der PKW-Marke Piaggio folgende Verkehrsordnungswidrigkeiten nach Paragraph 24 begangen zu haben. Sie überschritten die zulässige Höchstgeschwindigkeit innerhalb der geschlossenen Ortschaft um 25 km/h. Zulässige Geschwindigkeit 30 km/h. Festgestellte Geschwindigkeit abzüglich der Toleranz 55 km/h.

Bemerkung: Abgabe des Führerscheins bis spätestens 20. 2.
Fahrverbot beginnt am 21. 2.

Wegen dieser Ordnungswidrigkeit wird gegen sie eine Geldbuße festgesetzt in Höhe von 100 Euro. Ein Fahrverbot auf Dauer von einem Monat. Gebühr: 12.50 Euro.
Auslagen Verwaltung 5.60 Euro. Außerdem haben sie die Kosten des Verfahrens zu tragen.

Gesamtbetrag: ***118.10 Euro.***

Im Auftrag Frau Konrad

Und es wurde sogar ein Foto gemacht.

Ich war darüber sehr entsetzt, da ich meinen Führerschein noch nicht lange besaß. Aufgeregt ging ich in den Aufenthaltsraum im Bauhof, wo gerade der Statthalter und sein Gefolge mit den Bauhofleuten feierten und erzählte allen, was mir gerade passiert war. Plötzlich begannen alle zu lachen.

„Warum lacht ihr?“, fragte ich verwundert. Ich fand es genug schlimm, dass ich nun den Führerschein los hatte, ein Fahrverbot und dazu noch 3 Punkte in Flensburg bekomme.
„Udo, beruhige dich jetzt. Das war doch nur ein Spaß!“
Den konnte ich aber nicht verstehen. Meine Frau sagte mir am Abend, dass man mit so was keinen Spaß macht.
Dann fragte ich, wer das alles in die Wege geleitet hatte.
Die Antwort: „Der Statthalter und die Polizei.“

Die Zeit nach meinem „Ferrari"

So einfach ließ ich das nicht so gelten. Ich ging auf das Polizeirevier und machte ein Riesen-Theater.
„Ich bin doch keine 60 km/h gefahren! Ich war mit 30 km/h unterwegs!“, polterte ich.
„Doch Herr Sikau, das war so!“
„Ohne Führerschein kann ich doch keine Stadt mehr säubern“, protestierte ich heftig.
Daraufhin haben sie mich getröstet und versprochen, dass sie das wieder hinbekommen werden. „War ja alles nur Spaß!“

Platzanweiser im Skala-Kino und sexuelle Aufklärung

Neben meiner Haupttätigkeit bei der Stadt hatte ich fast 10 Jahre lang noch einen Nebenjob: Platzanweiser im Skala-Kino der Stadt. Damit habe ich ca. 130 Mark zusätzlich verdient. Jeweils am Sonntag gab es dort vier Vorstellungen: um 14, 16, 18 und 20 Uhr. Um 16 Uhr lief meist ein Film in italienischer Sprache.

Zu damaliger Zeit gab es in Schopfheim zwei Kinos: Das „Skala“ am Bahnhof und das „Eldorado“ in der Straße, wo sich heute das Hotel Metropol befindet. Das Filmprogramm war früher anders als heute. Gezeigt wurden Winnetou-Filme, Heimatfilme mit Peter Alexander, Western und Römer-Filme und Filme wie „Doktor Schiwago“, „Schulmädchenreport“ oder „Vom Winde verweht“.

Hier befand sich früher das Kino „Eldorado"

Als ich 14 Jahre alt war, hatte mich mein Vater mit ins Kino „Eldorado" genommen, um mich sexuell aufzuklären. Es lief der Film: „Deine Frau - Das unbekannte Wesen" von Oswalt Kolle. „Pass genau auf, hier lernst du was", schrieb mir mein Vater damals hinter die Ohren. Während ich aufmerksam mit großen Augen den Film verfolgte, schlief mein Vater ruhig und selig. Nach dem Film sagte er zu mir: „So Udo, jetzt hast du etwas gelernt!" Er schärfte mir ein, dass ich den Besuch zu Hause meiner Mutter auf keinen Fall erzählen dürfte.

Der verflixte Rasierschaum!

Ich erhielt eines Tages vom Bauhof einen Anruf, dass ich die Eingangstür des Rathauses, eine Glastür, sauber machen sollte. Als ich ankam, bekam ich einen großen Schreck: Die Scheiben waren voll mit Rasierschaum besprüht! Das hatte ich so noch nie gesehen. Ich machte mich sofort an die Arbeit, holte frisches Wasser und wischte den Schaum ab. Ich war kaum damit fertig und wollte schon gehen, wurden die Scheiben erneut mit Rasierschaum bespritzt. Das ging so 3 bis 4 Mal hintereinander! Diese Provokation brachte mich zur Weißglut und ich platzte fast vor Wut.

Ich schaute mich um und sah einen Mann, der eine Sprühdose in der Hand hielt. Ich fragte ihn, was das soll, ob wir hier im Kindergarten seien. Er antwortete, dass er damit demonstrieren wolle, weil er nicht an einer Sitzung des Gemeinderates teilnehmen dürfe. Daraufhin nahm ich ihm die Dose aus der Hand und er trollte sich davon.

Hintergrund war, dass es eine Zeit in Schopfheim gab, wo es 6 Parteien im Gemeinderat gab. Dabei hatte eine Partei keinen Fraktionsstatus: Die Partei der Unabhängigen. Bei einem Gesprächstermin mit einem Regierungsmitglied aus Stuttgart wurden alle Parteien mit Fraktionsstatus eingeladen. Ein Mitglied der „ausgeladenen“ Partei bedrängte jedoch den Bürgermeister, an dieser Veranstaltung auch teilnehmen zu dürfen, dies ohne Erfolg. Auch das Aushängen von Zetteln in der Stadt, auf denen das Regierungsmitglied dem Bürgermeister die Leviten lesen wollte, blieb ohne Widerhall. Der Protest gipfelte dann zum Schluss darin, dass die Glastür des Rathauses mit Rasierschaum besprüht wurde.

Das Rathaus in Schopfheim

Die Krähenplage im Stadtpark

Vor langer Zeit haben mich einmal Krähen sehr geärgert. In den Bäumen des Stadtparks hatten sie viele Nester für ihren Nachwuchs gebaut. Ich kam eines Tages früh morgens in den Park und erschrak: der ganze Stadtpark war eine einzige Sauerei! Es hat ausgesehen wie im ersten Weltkrieg! Überall lagen Silberpapier und Reste von Pizzas herum. Es war mir ein Rätsel, bis ich dahinterkam, dass die Krähen für diese Verschmutzung verantwortlich waren. Sie hatten aus den Papierkörben die Essensreste rausgepickt und über den ganzen Park verteilt.

Ich meldete es sofort dem Bauhof. Daraufhin holten die Gärtner mit einem Hubsteiger, auch Hubarbeitsbühne genannt, die Krähennester von den Bäumen. Das nützte jedoch nicht viel, da nach wenigen Wochen die Krähen wieder neue Nester bauten. Dann hängten die Gärtner Falken-Attrappen auf, die die Vögel abschrecken und verscheuchen sollten. Auch das brachte nicht viel.

Ich hatte dann eine Idee: Morgens und nach der Mittagspause leerte ich die Papierkörbe, die überwiegend von den Schülern in ihrer Mittagspause benutzt worden waren. Daraufhin wurde es besser und der Stadtpark blieb überwiegend sauber.

Das Kleinod Stadtpark mit Fontäne

Ärger mit den Schülern in der Mittagspause

Wie entsorgt man eine Pizzaschachtel in den Papierkorb? Ich musste manchen Schülern zeigen, wie man dafür die Pizzaschachtel faltet, da diese nicht in den Papierkorb passt. Manche haben es sofort begriffen, viele haben wieder die ganze Schachtel oben auf den Papierkorb gelegt mit dem Ergebnis, dass sie hinunterfiel und die Wege verunstaltete.

Auch das richtige Sitzen auf der Parkbank haben die Schüler nie gelernt. Ich habe sie gefragt, warum sie nicht richtig auf einer Bank sitzen könnten und nur die Lehne benutzten. Sie antworteten mir, dass die Bank zu dreckig sei. Um dem abzuhelfen habe ich mir schon gedacht, kleine Nägel auf die Lehne einzuschlagen. Setzt sich jemand drauf, drücke ich dann mit einem Knopf auf meine Fernbedienung und die Nägel bleiben in dem Hintern der Schüler stecken!

Einen Schüler fragte ich auch einmal, warum er denn den Stadtpark nicht sauber halten könne. Seine Antwort war: „Sie hätten ja sonst keine Arbeit. Hätten Sie was gelernt, müssten Sie diese Arbeit ja auch nicht machen!" Das hat mich so geärgert, dass ich vor Wut wie ein HB-Männchen hochgegangen bin!

rechte Seite: Ein buntes Kaleidoskop von Schopfheim

Unsere Trauung: Der Bürgermeister unterbrach extra seinen Urlaub

Am 8. August 2008 habe ich geheiratet. Vorher hatte ich den Bürgermeister, Christof Nitz gefragt, ob er bereit sei, mich und meine Braut zu trauen. Zu meiner Freude hatte er zugesagt. Jedoch befand er sich gerade zu dieser Zeit auf Urlaub auf Mallorca. Um mich nicht zu enttäuschen und auf seiner Zusage zu bestehen, unterbrach er extra seinen Urlaub und flog zurück, um uns zu trauen. Das fand ich echt toll von ihm.

Während der Trauung konnte ich wieder mal nicht die Klappe halten und quatschte immer wieder in die Trauzeremonie rein. „Udo, sei endlich ruhig! Ich habe jetzt das Wort", ermahnte mich der Bürgermeister.

Nach der Trauung verließen wir das Rathaus und zu unserer Überraschung gingen wir durch ein Spalier von Arbeitern des Bauhofes, die mit Besen und Schaufeln ausgerüstet waren. Das hatten wir zuvor noch nie gemacht, ich war sehr überrascht! Ebenfalls standen auf dem Platz fast zwei Dutzend Frauen, die mir zuriefen: „Wir sind alle deine Schätzle, wir weinen bitterlich." Einige hatten sogar Plakate dabei, auf denen stand: „Udo, du bist unser Bester". Sie übergaben mir auch ein nettes Gedicht („Ode an Udo"), über das ich mich sehr gefreut habe! Zum Glück nahm meine frisch vermählte Frau diese Ehrerbietung gelassen hin. Jede andere hätte einen Kollaps bekommen!

Beim Kehren des „herzigen Marktplatzes"

Ode an Udo

Die Schätzle von Schopfheim vergießen bittere Tränen,
vorbei ist es nun mit dem Hoffen und Sehnen.
Unser Udo ist unter die Haube gekommen,
die Ingrid hat ihn sich einfach genommen.

Vorbei ist es auch mit dem Schmusen und Küssen,
wir armen Schätzle. was tun wir? Wir müssen
nun küssen einen anderen Mann.
ob ein andrer es so gut wie Udo kann?

Was hatten wir Schopfheimer Frauen für"n Glück,
fast 40 Jahre Erfahrung bringt Udo mit.
Schätzle hier und Schätzle dort,
keine wollte von Schöpfe fort.
solange der Udo uns umgarnt
und manche von uns sogar umarmt.
Ach Ingrid, ach Udo. was sollen wir machen?
Wir wissen nicht, sollen wir weinen oder lachen.

Er läuft nun in den Hafen der Ehe ein,
mit einer Weste, blütenweiß und rein.
Unser Udo verdient die allerbeste Frau,
wir wissen, er nimmt's mit allem sehr genau.

Sieht man ihn im roten Ferrari sitzen
und damit durch unser Städtle flitzen,
wissen alle, egal ob klein ob groß:
der Udo, ja der ist famos!

Er fegt immer sauber und ist stets adrett,
das finden wir hier alle sehr nett.
Ganz Schopfheim kennt ihn als Original,
für Ingrid ist er die erste Wahl

Aber Ingrid, den Udo, den gibt's nur mit Schätzle,
genau wie den Schwaben mit seinen Spätzle.
Darf es Udo immer noch wagen
und zu uns „Solli Schätzle" sagen?

Wir wünschen euch beiden ganz viel Glück,
schaut immer nach vorne und nicht zurück.
Wir erheben die Gläser auf das glückliche Paar
und rufen alle laut: „Hipp, hipp, hurra!"

Hochzeitsgeschenk von der Polizei: Mit Blaulicht und Martinshorn

Die Polizei hat mir ein überraschendes Geschenk zu meiner Hochzeit gemacht. Ein paar Wochen nach meiner Trauung holte mich der damalige Leiter des Polizeireviers und erster Polizeihauptkommissar, Rudolf Steck, von zu Hause in Fahrnau mit dem Polizeiauto ab. Ich stieg ein und ich durfte seine Schirmmütze aufziehen. Dann machten wir eine kleine Stadtrundfahrt. Ich kurbelte dabei das Fenster runter und grüßte im Vorbeifahren die Einwohner von Schopfheim. Diese staunten nicht schlecht!

Danach fuhren wir nach Hasel in eine Straße, wo nicht viel Verkehr war. Rudolf Steck stieg aus und ich durfte allein einige Meter mit dem Polizeiauto fahren, und das mit Blaulicht und Martinshorn! Das hat mir sehr viel Spass gemacht.

Diese Schirmmütze hat Rudolf Steck mir dann, als er im September 2014 in den Ruhestand verabschiedet wurde, zum persönlichen Geschenk gemacht.

Meine Ideen für eine saubere Stadt: „Das ist ein Aschenbecher“

Immer wieder hatte ich Ideen, wie man die Stadt besser sauber halten und auch Müll vermeiden kann. So kam ich einmal über Nacht auf die Idee, einen Aufkleber „Aschenbecher“ auf die blauen Mülleimer, die an den Bushaltestellen hingen, anzubringen. Denn es gab zwar diese Vorrichtung zur Entsorgung von Zigaretten, aber keiner nutzte sie. Ich habe darüber mit unserem Bürgermeister, Christof Nitz, gespro-

chen und er gab mir aus seinem Portemonnaie spontan 30 Euro, um diese Idee zu verwirklichen. Ich habe dann entsprechende Aufkleber drucken lassen und sie auf die Mülleimer aufgebracht. Wegen dieser Eigeninitiative bekam ich jedoch Ärger mit dem Bauhof. Zum Glück stand mir der Bürgermeister bei und unterstützte meine Aktion.

Die *Badische Zeitung* schrieb am 25. März 2011 dazu:
SCHOPFHEIM. Mit Argusaugen wacht Bauhofmitarbeiter Udo Sikau über die Sauberkeit in der Stadt. Er kehrt buchstäblich den Dreck zusammen, den andere hinterlassen. Und zu diesem Dreck zählen auch unzählige Zigarettenkippen. Udo Sikau ärgert aber am meisten, dass sie achtlos weggeworfen werden, wiewohl es Papierkörbe mit Aschenbecher gibt. ...es wäre ein leichtes, die Zigarettenkippe im eingebauten Ascher auszudrücken und den Müll somit zu entsorgen ... „Ich möchte, dass die Leute merken, dass sie ihre Kippen auch anders entsorgen können als sie achtlos auf die Straße zu werfen, ... Ihm „stinkt" es, jeden Tag die Zigarettenkippen an den Bushaltestellen ... mühsam zusammenkehren zu müssen."

Für eine Bananenschale 40 Euro Strafe!

In Lörrach gibt es schon lange eine Bußgeldtabelle: 20 Euro für das Wegwerfen von Zigarettenkippen, 40 Euro für Bananenschalen und 60 Euro für Hausmüll in den Papierkorb entsorgen. Was schon seit vielen Jahren in anderen Städten üblich ist, wird in Schopfheim nicht praktiziert: das Verteilen von Strafzetteln bei Missachtung von Ordnung und Sauberkeit. Meiner Meinung nach sollten Ordnungshüter eingestellt werden, die Strafzettel verteilen, aufklären und auch Bürger verwarnen. Dafür müsste jedoch die Stadt eine entsprechende Ordnung beschließen. Da wäre ich der richtige Mann dazu! Das wäre für mich die Gelegenheit, mich besonders an den Schülern zu rächen, die mir jahrelang mit ihrer Sauerei Ärger gemacht haben. Für die Bußgeldtabelle plädiere ich aus meiner Erfahrung dafür, dass für das Wegwerfen einer Bananenschale 40 Euro Strafe zu berappen sind! Denn weggeworfene Bananenschalen stellen auch eine große Unfallgefahr dar, weil Bürger ausrutschen und sich ernsthaft verletzen können.

Mein Hobby: Das Filmen

Seit vielen Jahren fröne ich einem Hobby: dem Filmen. So habe ich bis heute viele Hochzeiten, Geburtstage und andere Anlässe gefilmt. Auch bei den Zunftabenden an der Fasnacht war ich mit meiner Kamera fast immer dabei. Einmal habe ich auch die Außenwette der Stadt gefilmt, die die Badische Zeitung veranstaltet hatte.

Mein Abschied von der Stadt

Ein Besen zum „40-jährigen Betriebsjubiläum". Ein Kontroll- und Erinnerungsbesen für jene, die es mit der Sauberkeit nicht so genau nehmen, oder ein Pokalbesen für die, die ihren Pflichten am besten nachkommen?

Über 47 Jahre lang, also eigentlich mein ganzes Leben, habe ich im Dienst der Stadt gestanden. Fast zwei Jahrzehnte habe ich Papierkörbe geleert, Wege und Straßen gefegt, Müll und Unrat aufgesammelt, aber auch andere wichtige Arbeiten erledigt - und das mit großer Einsatzfreude und Engagement. So habe ich meinen persönlichen Beitrag zur Sauberkeit der Stadt, zur Verbesserung des Stadtbildes und damit für ihren Erfolg geleistet.

Durch meine Arbeit habe ich nicht nur jeden Quadratmeter in Schopfheim und den angrenzenden Stadtteilen kennen gelernt, sondern auch fast jeden Menschen in dieser Stadt. Aber auch vielen Besuchern bin ich begegnet, habe mit ihnen Gespräche geführt und Neuigkeiten ausgetauscht. Und ich habe Menschen kommen und auch gehen sehen. Mit meinen Kameraden aus dem Bauhof und auch anderen Mitarbeitern der Stadt habe ich immer kameradschaftlich zusammengearbeitet, mit ihnen die

Mein Besen wird in einen Hexenbesen verzaubert. Ob ich bald damit fliegen kann?

Sorgen und Nöte geteilt, aber auch zusammen gefeiert und das Leben genossen.

Während meiner Tätigkeit als Straßenreiniger gab es immer wieder Momente, wo ich verzweifelt war und die Welt nicht verstanden habe. So frage ich mich bis heute, was Menschen dazu bewegt, einfach ihren Müll auf dem Weg oder der Straße liegen zu lassen, wegzuwerfen oder zu entsorgen. Früher war in dieser Hinsicht vieles besser. Nicht nur, dass weniger Unrat anfiel, auch zeigten Menschen mehr Verantwortung für ihr Handeln in der Öffentlichkeit. Insbesondere Jugendliche haben heute damit oft Schwierigkeiten und überlassen gern anderen ihren Müll und Abfall.

Mehr Anerkennung und Aufmerksamkeit

In all den Jahren wurde mir für meine Arbeit immer viel Achtung und Bewunderung entgegengebracht. Aber ich bin auch oft belächelt, sogar beschimpft worden. Oft ist es Menschen nicht bewusst, dass wir als Reinigungskräfte eine wichtige Arbeit für die Gemeinde oder Stadt leisten. Ist der Bürgermeister einen Monat in Urlaub, fällt das weniger auf als wenn einen Monat lang nicht gesäubert und Müll entsorgt wird. Wir haben es schon in anderen Ländern gesehen, wie schnell dann die Müllberge anwachsen, Dreck und hässliche Haufen das Stadtbild verschandeln, dabei oft entsetzlichen Gestank hinterlassen und die Luft verpesten.

Meiner Meinung nach sollte die Tätigkeit eines Straßenfegers mehr Aufmerksamkeit, Anerkennung und Würde in unserer Gesellschaft erfahren. Denn diese Arbeit ist ein wichtiger Garant für das Erscheinungsbild einer Gemeinde oder Stadt. Der Straßenfeger sorgt dafür, dass sich die Einwohner und Besucher wohl und aufgehoben fühlen und dass ein positives und gesundes Klima entsteht, das die Lebensqualität, Attraktivität und Anziehungskraft des Ortes erhöht.

Zu meinem 40-jährigen Betriebsjubiläum widmete mir Tiefbauamtsleiter Bernhard Springmann ein „Ä Stroßekehrergedicht“ auf Alemannisch und würdigte damit meinen Einsatz:

Ä' Stroßekehrergedicht

Usem Norde blost ä' isige Wind -
nümm' d'Schippe un' Bese un' chumm ganz g'schwind,
Dreck un' Laub wirbelt uf alle Wege -
chum lieber Udo - um d'Schopfemer Stroße z'fege.
Wie ä' Wohnstub', blitzblank zum ummeschwänze -
mueß hüt Zobe au' de Märtplatz glänze.
Die hohe Herre der Stadt gen wieder mol ä' Event -
m'r het halt im Sack nit so viel Euro's un' Cent,
um jede Samschtig uf de Märtplatz z'goh' -
men'ge darf deshalb vor de Gatter stoh',
um all die schöne Sache im Mittelzentrum z'genieße -
am Tag druf duesch Du dann mitem Bese ummeschieße.

Denn wichtiger wie jede Event -
isch's - dass mer unse Udo chennt.
Des los Dir vo' mir sage - ich due nit scherze -
die Suuberkeit unseres Städtles litt Dir am Herze.
Schmierer, Sprayer, Umweltverschmutzer - die Fiese -
unse Udo duet sie alli - richtigerwies - z'rechtwiese.

Ich gratulier Dir vo' Herze zu diem Dienschtjubelfescht -
Du bisch un' bliebsch vo' de Stroßekehrer de Bescht.
Ich wünsch' Dir G'sundheit un' Gottes Sege -
uf all' unsere Stroße, Plätze un' diene Lebenswege.
Genieß de hüttige Tag un' halt uns die Treue -
damit jede sich im Städtle über d'Suuberkeit cha freue.

Zur Verabschiedung nach 47 Jahren am 3. November 2018

Rede von Stefan Wetzel

Sehr geehrter Herr Sikau, sehr geehrte Gäste,

Sie erinnern sich sicher an den Bilderrahmen, der im Aufenthaltsraum in unserem Bauhof hängt. Darin hängt eine Ehrenurkunde des Landes Baden-Württemberg, verliehen, so wörtlich, „mit Dank und Anerkennung für die während 50-jähriger Tätigkeit im Öffentlichen Dienst treu geleistete Arbeit".
„So eine krieg i au e mol", haben Sie öfter mal gesagt.

Und tatsächlich - 1969, wir haben es gehört, haben Sie Ihren Dienst bei der Stadt Schopfheim angetreten - hätten Sie 2019 mit dem Ende ihres Berufslebens auch ihr 50-jähriges Dienstjubiläum feiern dürfen. Hätten - aber manchmal kommt es eben anders und nicht alle Träume und Wünsche im Leben werden einem erfüllt. Aber wichtiger ist, dass Sie wieder gut zu Fuß sind.

1969 - da waren Sie gerade einmal 15 Jahre alt - war Schopfheim noch eine andere Stadt: kleiner, einfacher, beschaulicher. Es gab noch einen Farrenwärter* und einen Schlachthof, die Gänsmatt war noch das was sie heisst, Fasnacht wurde noch im Pflughof gefeiert und der Bauhof stand noch in der Mattenleestrasse und dort gab es weder Computer noch Fax.

Dank und Anerkennung vom Bauamtsleiter Stefan Wetzel

Das war auch noch im Jahre 2000 so, als ich meine Arbeit hier aufgenommen habe. Da waren Sie schon lange zu Fuß unterwegs und haben Ihren „Japaner“ vor sich hergeschoben. Da war alles drauf, was Sie für Ihre Arbeit gebraucht haben: Besen, Schaufel, Laubrechen, Papierzange, Müllsäcke.

Und so haben Sie Ihre Runden durch die Stadt gedreht. Haben täglich Papierkörbe geleert, Müll zusammengekehrt und aufgelesen, was andere acht- oder gedankenlos fallen- und liegengelassen haben. Sie haben im Sommer Unkraut rausgemacht, im Herbst Laub zusammengefegt und im Winter Schnee geschippt. Hin und her gingen Sie zwischen dem Bauhof in der Mattenleestrasse und der Gärtnerei beim Krankenhaus, wo die Container für den Müll standen. „Treu geleistete Arbeit“, wie es in der Ehrenurkunde so schön heißt.

Da kommt einiges zusammen und mancher ins Staunen, wenn er nur die Zahlen hört: Ca.100 Mülleimer waren es im Stadtkern, wie wir seit der Erstellung des Müllkonzeptes wissen. Ca. 100 t Müll im Jahr lesen wir insgesamt zusammen und legen dafür unendliche Strecken zurück. Zu Fuß und mit dem Auto. Eine Arbeit, die viele belächeln. Und den Wert dieser Arbeit erst erkennen, wenn keiner da ist, der sie Tag für Tag zuverlässig erledigt.

Sie haben sich mit dem Bauhof gewandelt, den Handkarren stehen gelassen und sind aufs Dreirad umgestiegen, das wir extra für Sie angeschafft haben, als wir im Jahr 2002 alle miteinander nach Gündenhausen umgezogen sind. Und als sich, zu unser aller Überraschung, herausgestellt hat, dass man dafür einen Führerschein braucht, haben Sie auch den noch gemacht - und sind fortan ganz normal mit dem Transporter gefahren.

Das ging nicht ganz ohne Schrammen ab. Einmal hat es bei den Übungsfahrten im Bauhofgelände gekracht. Ich sehe Sie heute noch aus dem Auto steigen - waren Sie drauf und dran aufzugeben. Aber schlussendlich waren Sie mächtig stolz, hatten Sie doch selbst gehörige Zweifel, ob Sie das schaffen, wie auch manch anderer Ihnen das nicht zugetraut hat. Und fortan waren Sie mit dem Auto unterwegs, bei der Arbeit und privat. Gelegentlich mit einem „Schätzle" an Ihrer Seite, was Ihnen einen Strafzettel des Statthalters wegen unerlaubter Personenbeförderung eingebracht hat. Das war ein Spaß!

Sie waren ein fester Bestandteil im öffentlichen Leben, ein Gesicht der Stadt - ein Original, wie man zu sagen pflegt. Mit allen auf Du und Du, bekannt wie der sprichwörtliche "bunte Hund".

Das wird heute - in unserer schnelllebigen Zeit - leider immer seltener. Und das ist schade.

Ich bin überzeugt, dass es letztendlich das ist, was wir im Herzen meinen, wenn wir von der sogenannten „guten alten Zeit sprechen", ohne diese verklären zu wollen. Und so werden wir Sie in Erinnerung behalten.

Zum Abschluss möchte ich Ihnen, nach 47 Jahren, ein letztes Mal „Herzlichen Dank" sagen.
Und so wünsche ich Ihnen für Ihren wohlverdienten Ruhestand, auch im Namen aller Kollegen, vor allem Gesundheit und alles Gute.

Stefan Wetzel, Leiter des Bauhofes

**Der Farrenwärter war verantwortlich für die Vatertierhaltung der Gemeinde. Er war für die Pflege der Bullen, Eber und Ziegenböcke zuständig. Zu seinen Aufgaben gehörte es, die Tiere zum Decken mit den weiblichen Artgenossen zusammenzubringen und die Deckregister zu führen. Darüber hinaus hatte er für den Futter- und Strohvorrat zu sorgen und die Stallungen in Ordnung zu halten. Die Tätigkeit als Farrenwärter endete mit der Einführung der künstlichen Besamung im Jahre 1961.*

Der Bürgermeister Christof Nitz überreicht mir zum Tag des Abschieds den Silber-Dukaten der Stadt für 47 Jahre Treue im öffentlichen Dienst*

**Die Silber-Dukaten werden an Mitarbeiter verliehen, die in den Ruhestand verabschiedet werden und an Gemeinderatsmitglieder, die 5 bis 10 Jahre im Gemeinderat tätig waren. Wer als Gemeinderatsmitglied jedoch mehr als 10 Jahre aktiv war, erhält den goldenen Dukaten. Ab 20 Jahren gibt es den großen goldenen Dukaten. Die Verleihung dieser Dukaten wurde durch Hans Vetter, Bürgermeister von 1949 bis 1978, eingeführt.*

Die Dukaten zeigen das Stadtsiegel von Schopfheim, das der Stadt im Jahre 1529 von Markgraf Ernst von Baden als Dank für die Herrschaftstreue im Bauernkrieg verliehen wurde. Es trägt *die Insignien **„Sigillum Civium in Schopfheim“**, in die das Wappen der Stadt eingebettet ist. Dieses ist zweigeteilt: Zur einen Hälfte zeigt es das Baden-Hochberger Wappen mit dem badischen Schrägbalken, zur anderen Hälfte den Schutzpatron der Stadt, den hl. Michael, der als „Seelenwäger“ angesehen wird. Auf der anderen Seite des Dukaten ist die Kirche St. Michael abgebildet.*

„Meine drei Bürgermeister“

Während meiner 47 Arbeitsjahre beim Bauhof „überlebte“ ich gleich drei Bürgermeister: Hans Vetter (Bürgermeister von 1949 bis 1978), Klaus Fleck (Bürgermeister von 1979 bis 2003) und am Schluss Christof Nitz (Bürgermeister von 2003 bis 2018). Hans Vetter erhielt 1981 die Ehrenbürgerwürde und nach ihm wurde eine Straße benannt: Hans-Vetter-Straße, ehemals Webergasse. Klaus Fleck ging mit der Altstadtsanierung und dem Bau der Umgehungsstraße in die Stadt-Geschichte ein. Für sein vielfältiges Engagement erhielt er das Bundesverdienstkreuz und die „Freiherr-vom-Stein-Medaille“, die höchste Auszeichnung des Städte- und Gemeindetags. Christof Nitz brachte in seiner Amtszeit mehrere Großprojekte auf den Weg, z.B. das Uehlin-Areal.

Während es bei den ersten zwei Bürgermeistern bei „Guten Tag“ und „Hallo“ blieb, hatte ich mit Herrn Nitz viele persönliche Kontakte. Er war es auch, der mich getraut hat.

Stimmen zu Udo

Das Gewissen der Stadt

Doris Roth, Erzieherin im katholischen Kindergarten am Marktplatz, kennt Udo schon über 20 Jahre, aus der Zeit, wo er noch den Marktplatz mit Besen und Karre sauber gemacht hat. Sie erinnert sich: „Er war immer sehr freundlich und hat die Leute

begrüßt. Auch hat er immer gute Laune verbreitet und stets ein „Spässle" auf den Lippen gehabt. Alle Frauen waren bei ihm ein „Schätzle" - und die Laune ging hoch, wenn sie so begrüßt wurden. Er hat seinen Job gern gemacht - und das hat er auch ausgestrahlt. Er hat sich nie geschämt dafür.

Er war eine Person, die dem Stadtbild etwas gegeben hat. Ihm war ein gemeinsames Draußen wichtig und dass sich jeder wohlfühlt in dieser Stadt. Man hat sich durch ihn heimelig gefühlt. Er war ein Schopfheimer Original, ein Unikat, was leider mit ihm verschwindet. Er war außerdem sehr geduldig und bei Wind und Wetter unterwegs. Zudem hat er sich etwas getraut. So hat er oft die Jugendlichen flott gemacht, wenn sie die Flaschen in den Park geschmissen haben.

Da hat er sie zusammengeschissen. Das hat ihm viel Respekt bei ihnen eingebracht!“

Schlagerstar im Bus

„Bei Betriebsausflügen ist er im Bus der Sänger schlechthin gewesen“, erzählt sie mit Begeisterung weiter. „Er hat bekannte Schlager gesungen, bei denen dann der ganze Bus mit eingestimmt ist.“ Wehmütig ergänzt sie: „Udo, wenn du nicht mehr da bist, geht es uns schlechter!“ Einmal hat er ihr gegenüber seinen letzten Wunsch anvertraut: „Auf meinem Grabstein soll stehen: Ich kehre nicht mehr wieder.“ „Schade“, sagt sie, „dass er nicht mehr kehrt!“

Der Tag war gerettet!

„Er war immer freundlich und fidel, hat viel gelacht und immer einen Witz parat gehabt“, beschreibt Sabine Kühn, Inhaberin des „Orient Cafes“ in der Torstraße neben der St. Michael-Kirche, den Straßenfeger. Oft habe er sich aber auch über die ungenügende Sauberkeit in der Stadt geärgert. „Ich habe ihn immer gegrüßt und er hat nett zurück gegrüßt“, freut sich Frau Kühn. Und sie setzt hinzu: „Mit seinen netten Komplimenten war der Tag gerettet!“

War immer gut drauf!

Für den ehemaligen Rechtsanwalt, Joachim Rauch, war Udo ein freundlicher Zeitgenosse, der immer gut drauf war. „Er war allen immer freundlich zugewandt.“ Man habe sich in der Straße gesehen und sich immer mit „Hallo“ begrüßt.

Eine richtige Stadtlegende!

Viele schöne Erinnerungen an Udo hat das Team vom Kebab-Kiosk „Hatay Imbiss” am Bahnhof. „Er war immer richtig nett mit den Leuten“, erzählen sie im Gleichklang. „Er hat den Stadtpark sauber gemacht und dabei seine Arbeit sehr korrekt ausgeführt. Er hat auch immer gelacht und war sehr lebhaft.“ „Eine richtige Stadtlegende“, so übereinstimmend das Team.

Ferrari-Zeichen auf der Vespa

„Er war immer fröhlich, gut drauf und hat oft einen Spruch gemacht“, freut sich Roland Franz Metzger, Chef des gleichnamigen Fachgeschäftes für Männermode am Marktplatz. Udo habe es gefallen, wenn Schulferien waren, weil dann nicht so viel Dreck in der Stadt vorhanden war. In Erinnerung ist ihm seine Vespa geblieben, auf der immer ein Ferrari-Zeichen prangte.

„House of the Rising Sun“

„Udo hat mich immer gelobt, wenn ich den Song ‘House of the Rising Sun’ gespielt habe“, erinnert sich Walter Hummel, der bekannte Straßenmusiker der Stadt. Dieser amerikanische Folk-Song, der 1964 von der britischen Band „The Animals“ zum Hit wurde, habe ihm am besten gefallen. „Wir wollten auch mal gemeinsam was singen, leider ist es nie dazu gekommen.“ Oft sind sich die beiden begegnet und haben miteinander geschwätzt.

Plausch im Laden

„Leider ist heute kein Udo mehr da", bedauert Daniel Schöbel, M&M Schöbel in der Scheffelstraße. Heute sei so eine Art Gleichgültigkeit eingezogen, weil diese Arbeit, die Udo geleistet hat,

nicht mehr so richtig anerkannt werde. Das findet er persönlich sehr schade. Udo habe sich auch immer darüber geärgert, dass die jungen Leute ihr Brot so einfach auf die Straße werfen. Gern erinnert er sich an die vielen Small-Talks, die er mit Udo im Laden geführt hat.

Teil des Ortsbildes

„Er war Teil des Ortsbildes, vergleichbar mit unserem Marktplatz", erzählt Dr. Ulla K. Schmid, Leiterin des Museums. „Er hatte eine optimistische, fröhliche Art, wie er den Leuten begegnet ist. Ich bedaure, dass er nicht mehr da ist. Er fehlt uns!", beschreibt sie Udo, mit dem sie früher in die Schule gegangen ist.

„Pflichtbewusster Mann“

„Ein pflichtbewusster Mann, sehr sympathisch!“, charakterisiert Johannes Scherrmann, Leiter der Apotheke am Bahnhof in der Scheffelstraße, den bekannten Straßenfeger von Schopfheim. Er konnte ihn immer beobachten, wie er fleißig und akribisch den Stadtpark und auch die Scheffelstraße von Unrat und Müll säuberte.

Eine echte Marke

„Mag der Tag noch so beschissen gewesen sein, Udo erhellte ihn - und das mit wenigen Worten. Ich denke gern an ihn“, erinnert sich Elisabeth Ingrid Ugger, die ihn schon viele Jahrzehnte kennt. „Er war eine echte Marke, ein Unikat! Er war persönlich, immer Anteil nehmend. Leider sind solche Menschen heute im Aussterben begriffen“, bedauert sie. „Wir wurden immer mit ‘Schätzle’ begrüßt.“ Als er einmal von ihrer Scheidung erfuhr, meinte er zu ihr: „Dein Mann ist ein Arschloch, weil er so eine tolle Frau wie dich einfach laufen lässt!“

„Ich kehre nicht mehr wieder!"